Lasse Herbers

Vorbereitung einer Unterrichtsstunde zum Thema 'Die ökologische Katastrophe am Aralsee'

GRIN Verlag

Bibliografische Information der Deutschen Nationalbibliothek:

Die Deutsche Bibliothek verzeichnet diese Publikation in der Deutschen National-
bibliografie; detaillierte bibliografische Daten sind im Internet über http://dnb.d-
nb.de/ abrufbar.

Impressum:

Copyright © 2003 GRIN Verlag GmbH
Druck und Bindung: Books on Demand GmbH, Norderstedt Germany
ISBN: 978-3-638-93572-2

Dieses Buch bei GRIN:

http://www.grin.com/de/e-book/30913/vorbereitung-einer-unterrichtsstunde-zum-
thema-die-oekologische-katastrophe

Universität Flensburg

Institut für Geographie und ihre Didaktik,
Landeskunde und Regionalforschung

Große Unterrichtsvorbereitung
Im Rahmen des Fachpraktikums

von Lasse Herbers (Fachsemester 05)

Thema der Unterrichtseinheit: Russland – Kernstaat der GUS

Thema der Stunde: Die ökologische Katastrophe des Aralsees

Schule: Hauptschule Munkbrarup
Fach: Erdkunde
Klasse: 8
Datum: 28.01.2004
Zeit: 10.20 – 11.05 (4. Stunde)

1 Einordnung der Stunde in die Unterrichtseinheit

Im Rahmen des Fachpraktikums beschäftigen sich die Unterrichtsversuche in der Klasse H8 mit dem Thema „Russland – Kernstaat der GUS".

In den vorangegangen Stunden haben die Schüler sich mit den Inhalten *Raum und Zeit in Russland, Klima- und Vegetationszonen* und *Rohstoffe in Russland* beschäftigt. Dabei wurden in der letzten Stunde auch ökologische Probleme durch den Abbau von Bodenschätzen angesprochen.

Die ökologische Katastrophe des Aralsees ist ein regionales Beispiel für die ökologischen Krisenregionen auf dem Gebiet der ehemaligen Sowjetunion und ein Beispiel für weltweite Ressourcenkonflikte.

Die Stunde ist die letzte zum Thema im Rahmen des Fachpraktikums, aber im Nachfolgenden soll das Thema weiter behandelt werden mit besonderem Blickwinkel auf die Menschen in der GUS.

2 Sachanalyse

Vor den Augen der Weltöffentlichkeit spielt sich seit 1960 eine der größten anthropogen verursachten ökologischen Katastrophen ab.

Bis 1960 war der Aralsee noch der viertgrößte Binnensee der Welt (nach Kapisee, Oberem See und Victoriasee). Der abflusslose See wird nur von den beiden Flüssen Syrdarja und Amudarja gespeist.

Die Seefläche betrug 1960 noch etwa 68.000 qkm; heute sind es nur noch etwa 28.000 qkm. Damit ist der Aralsee bislang auf etwa 40% seiner ursprünglichen Fläche geschrumpft.

Verursacht wurde die Katastrophe durch die massive Wasserentnahme an den beiden einzigen Zuflüssen, um den wasserintensiven Anbau von Baumwolle und Reis zu ermöglichen. Die Anbaufläche für Baumwolle, Reis, Obst, Wein und Tabak vergrößerte sich von rund drei Mio. Hektar auf acht Mio. Hektar.[1]

Schon während der Zarenzeit begannen die Russen den Baumwollanbau im Bereich des Sees und der beiden Flüsse auszuweiten, denn die naturräumlichen Bedingungen sind geradezu ideal für Baumwolle. In der Zeit der Sowjetunion wurde die agrarische

---

[1] DORNFELDT 2003

Expansion fortgeführt und noch verstärkt. Neben dem Baumwollanbau wurde auch der Anbau von Reis gefördert, um die Sowjetunion unabhängig zu machen von Reislieferungen aus China. Das Maximum dieser Expansion wurde zwischen 1965 und 1987 erreicht. Zur Bewässerung der riesigen Flächen wurde eine gigantische Bewässerungsinfrastruktur errichtet mit großen Staudämmen in den Quellgebieten, dem Karakum-Kanal und vielen kleinen Bewässerungskanälen.[2]

Durch die Wasserentnahme floss immer weniger Wasser dem See zu; seit 1976 erreicht der Syrdarja den See gar nicht mehr, der Amudarja versickerte 1982 zum ersten Mal vor dem Aralsee.

1987 hat sich der Aralsee in zwei Gewässer gespalten; bis 1995 gab es einen künstlichen Kanal, der einen Wasseraustausch zwischen dem kleinen nördlichen See und dem größeren südlichen Teil ermöglichte. 1996 war zum ersten mal die Insel Barsakelmes, auf der in den 1970er-Jahren Bio-Waffen-Tests durchgeführt wurden, mit dem Ufer verbunden..

Der Seespiegel ist bislang um 14 Meter zurückgegangen, und er sinkt jedes Jahr um einen weiteren Meter; so liegen ehemalige Fischereihäfen heute bis zu 120km vom neuen Ufer entfernt.

Durch die Abnahme der Wassermenge steigt der Salzgehalt des Seewassers beständig an, so dass alle Fischarten ausgestorben sind. Die Versalzung liegt heute um das 211-fache über der Norm. Jährlich treiben Winde über 100 Mio. Tonnen Salz in die Atmosphäre. Der feine Salzstaub setzt sich nicht nur in der Umgebung des Sees ab, sondern wird bis in die fruchtbaren Steppen im Norden und Nordosten getragen. Die Bodenversalzung in den Steppen führte zu massiven Ernteeinbußen; in der Umgebung des Aralsees hat sich eine Salzwüste gebildet und durch die Bodenversalzung wird auch das Grundwasser mit Salz belastet. Der feine Sand- und Salzstaub verursacht bei den Menschen in der Region Atemwegserkrankungen und Hautverätzungen in erheblichem Maße.[3]

Das Grundwasser ist aber auch durch Düngemittel, Pestizide und industrielle Chemikalien schwer belastet, zudem werden durch das Absinken des Grundwasserspiegels Anbauflächen im Westen und Süden vernichtet.[4]

Durch die Abnahme der Seefläche können die kalten und trockenen Winde aus Sibirien nahezu ungehindert eindringen. Die frostfreie Zeit verringerte sich deshalb von 200 auf 170 Tage und die Julitemperatur stieg um 2,6°C.[5]

---

[2] HOFFMANN 2002
[3] DORNFELDT, 2003
[4] BRUCKER 2002

Um den Prozess aufzuhalten wären jährlich mindestens 27 Kubikkilometer Wasser nötig. Eine Wiederherstellung des ursprünglichen Zustandes ist allerdings unmöglich. Im Sommer 2002 haben starke Regenfälle dazu geführt, dass die Flüsse wieder den See erreichen. Allerdings war das nur eine kurzzeitige Erscheinung, langfristig wird immer weniger Wasser in die Flüsse gelangen, da die Gletscher im Einzugsgebiet immer stärker abschmelzen.[6]

Nach dem Zusammenbruch der Sowjetunion hat sich die Lage noch deutlich verschärft; nationale Interessen der Anrainerstaaten von Aralsee und Zuflüssen stehen im Vordergrund, und eine Lösung scheint nicht erreichbar. Die Gebirgsstaaten Tadschikistan und Kirgisistan decken mit den riesigen Wasserkraftwerken ihren Energiebedarf, dafür benötigen sie besonders im Winter viel Wasser, deswegen wird im Sommer das Wasser angestaut. Die Seestaaten Kasachstan und Usbekistan sind hingegen auf ihre Anbauflächen angewiesen und benötigen besonders im Sommer große Mengen Wasser.[7]

Während der Sowjetzeit wurde die ökologische Katastrophe offiziell totgeschwiegen, war aber durch Satellitenfotos bekannt und dokumentiert. Usbekische und russische Wissenschaftler vertreten die These, dass das Sinken des Wasserspiegels geologisch zu begründen ist. Als Beweis führen sie häufige tektonische Bewegungen in der Region an.[8]

3 Didaktische Überlegungen

Das Thema *„Russland – Kernstaat der GUS"* ist im Lehrplan für die Klassenstufe acht genau unter diesem Titel vorgeschlagen. Die Behandlung des Inhaltes *„Aralsee"* fällt damit genau genommen nicht in dieses Thema, da nicht Russland sondern die Staaten Kasachstan und Usbekistan Seeanrainer sind. Ich habe mich aber auch für diesen Inhalt entschieden, weil ich vermeiden möchte, dass das Bild der Schüler von der GUS ein rein russisches ist, und weil ich befürchte, dass die Schüler insgesamt über sehr wenig Wissen verfügen über die einzelnen GUS-Staaten. Zudem stellt die GUS gewissermaßen den Nachfolger der Sowjetunion dar, und für die Entwicklung der ökologischen Katastrophe ist die sowjetische Politik entscheidend gewesen.

---

[5] Terra Geografie 8
[6] DORNFELDT 2003
[7] HOFFMANN 2002
[8] DORNFELDT 2003

Dennoch ist der Aralsee nur eines von vielen möglichen Beispielen für ökologische Krisenregionen in der ehemaligen UdsSR. Der Inhalt *„Aralsee"* ist aber ungleich besser geeignet zur Behandlung im Unterricht, da es zum einen ein in seiner Größe besonders beeindruckendes Phänomen ist, zum anderen gibt es dazu schon seit Jahren umfangreiche Dokumentationen, wissenschaftliche Forschungen und populäre Veröffentlichungen. Auch in den meisten Schulbüchern wird der Aralsee als „Musterbeispiel" für Umweltzerstörungen durch den Menschen aufgenommen.[9]

Die Darstellung von Umweltschäden durch menschliche Eingriffe in den Naturhaushalt soll die Schüler sensibilisieren für die Notwendigkeit des Erhaltes natürlicher Lebensgrundlagen. Sie sollen ein allgemeines Interesse am Schutz der Natur entwickeln und dadurch zu Handlungskonsequenzen auch in ihrem konkreten Alltag erzogen werden. Die räumliche Distanz kann besonders in unserer zunehmend globalisierten Welt vernachlässigt werden; als Informationsempfänger sind auch wir schon seit den 1960er Jahren an der Katastrophe beteiligt. Als Konsumenten von Baumwollprodukten aus der Region unterstützen wir indirekt die dramatische Entwicklung. Des Weiteren können die Schüler auch regionale Umweltprobleme in ihrem heimischen Alltag erkennen und sich Gedanken zu Lösungen machen. Dazu gehört auch das Erkennen von vorhandenem Strukturwandel in Folge der Veränderung der Umweltbedingungen; auch hier können die Schüler einen Transfer leisten zu heimischen Strukturwandelproblemen.[10]

Neben der Darstellung von Umweltzerstörungen sollen die Schüler auch Einsichten gewinnen in die Endlichkeit von Ressourcen und die damit einhergehende Notwendigkeit zur Kooperation verschiedener Staaten bzw. Gruppen. Dazu gehört auch die Diskussion von Maßnahmen und ihrer politischen Durchsetzbarkeit.
Nicht nur unter Geographen herrscht weitgehend Einigkeit darüber, dass Konflikte um die Ressource Wasser das wichtigste globale Problem im 21. Jahrhundert darstellen werden. Der zunehmende Mangel von Brauch- und Trinkwasser und die weltweit voranschreitende Desertifikation machen Wasser zu einem kostbaren Gut, und auch kriegerische Konflikte sind in Zukunft nicht ausgeschlossen. Beispiele wären hier die Auseinandersetzungen zwischen der Türkei und ihren Nachbarstaaten um große Staudammprojekte oder der noch verdeckte Krieg in Palästina um die Verteilung der

---

[9] siehe: Terra Geografie 8 Ausgabe für Schleswig-Holstein, S. 24/25

[10] zum Beispiel Fischsterben in der Elbe durch Industrieeinleitungen

Wasserzugänge zwischen Israelis und Arabern. Nach dem Zusammenbruch der Sowjetunion ist nun auch in Mittelasien der Konflikt offen zu Tage getreten: unterschiedliche nationale Interessen lassen eine Lösung scheinbar nicht zu.[11] [12]

Auf Grund der enormen Komplexität des Inhaltes ließe sich eine ganze Unterrichtsreihe dazu gestalten; da aber nur eine Stunde zur Verfügung steht ist eine Reduzierung auf einzelne Aspekte unausweichlich: Ich möchte die Schüler zu erst motivieren, sich überhaupt mit dem Inhalt auseinanderzusetzen und ihnen dann grundlegende Informationen zur Katastrophe vermitteln. Diese Informationen sollen mit Hilfe des ersten Arbeitblattes gesichert und ausgebaut werden, um dann folgende Diskussionen zu ermöglichen. Die Schüler sollen selbstständig überlegen, welche Folgen sich für die in der Region lebenden Menschen ergeben, und sie sollen sich eigene Gedanken zur Lösung machen und diese in der Diskussion überprüfen.

4 Methodische Überlegungen

<u>Einstieg</u>

Zum Einstieg möchte ich die Schüler fragen, ob sie überhaupt schon einmal vom Aralsee gehört haben. Wenn dieses der Fall sein sollte, dann werde ich fragen, was genau bekannt ist (eventuell schon über die Katastrophe) und wo der Aralsee geographisch liegt. Ich erwarte aber eher, dass es kein Vorwissen gibt, und werde deswegen zu erst den Aralsee an der Wandkarte (aus den vorherigen Stunden) zeigen. Ich werde die Schüler an das Ende der letzten Stunde (bei Frau Schlüter) erinnern, wo sie schon mit ökologischen Problemen konfrontiert wurden.

<u>Problematisierung I</u>

Anknüpfend an die Methodik von Frau Schlüter werde auch ich den Schülern Bilder per OHP präsentieren. Die Schüler sollen dann beschreiben, was zu erkennen ist und u.U. bereits erste Vermutungen äußern. Die Schüler sollen vor allem die Veränderung des Aralsees zwischen 1985 (erste Folie) und 1992 (zweite Folie) erkennen und verbalisieren. Ich habe mich für die Visualisierung entschieden, da über konkrete Eindrücke am besten Informationen gewonnen werden können (, denn der Mensch ist visuell orientiert). Zudem hat sich in der letzten Stunde bereits gezeigt, dass die Klasse

---

[11] HOFFMANN 2002
[12] HÖHLER weist schon 1967 auf zukünftige Konflikte hin (HÖHLER 1967, S. 328ff)

noch lernen muss, Eindrücke verbalisieren zu können; dafür soll hier eine Gelegenheit sein.

<u>Vertiefung</u>

In einem Lehrervortrag möchte ich den Schülern Informationen geben über die Entwicklung, die Ursachen und das aktuelle Ausmaß der Katastrophe. Ich habe mich dazu entschieden, weil ich es für sehr schwierig halte, solche komplexen Inhalte durch eine Textarbeit zu vermitteln, da entweder die Informationen stark vereinfacht oder ausgelassen werden müssten oder aber dieses Phase auf Grund eines sehr langen Textes zu lange dauern würde.

Ich hoffe, die Schüler so zu interessieren, dass sie von selbst ruhig und konzentriert zu hören werden.

Zur Unterstützung meines Vortrages werde ich eventuell einzelne Daten und Namen an die Tafel schreiben, insbesondere dann wenn es Verständnisfragen geben sollte. Des Weiteren werde ich eine Folie auflegen, auf der die Entwicklung erkennbar ist.

<u>Erarbeitung/Sicherung I</u>

Die Schüler sollen die gehörten und gesehenen Informationen rekapitulieren und erweitern; dazu teile ich ein Arbeitsblatt mit drei Fragen aus. Das Arbeitsblatt soll in Einzelarbeit unter zur Hilfenahme des Atlas und einer kopierten thematischen Karte bearbeitet werden. Im Anschluss daran bitte ich die Schüler, ihre Ergebnisse vorzutragen und gegebenenfalls zu korrigieren.

Die Arbeit mit Karten und Kartenwerken halte ich als Kulturtechnik für unverzichtbar im Erdkunde-Unterricht; die Schüler sollen ein grundsätzliches Kartenverständnis (als Abstraktion der Realität) entwickeln und vertiefen und sich ein realitätsnahes inneres Weltbild entwickeln können.

<u>Problematisierung II</u>

In dieser Phase sollen die Schüler nun mit Hilfe der bereits gewonnen Informationen diskutieren. Sie sollen Überlegungen anstellen, welche Folgen sich für die Menschen in der Region ergeben und welche Lösungen möglich wären. Ich hoffe, dass die Schüler sich interessiert beteiligen und gute Ideen einbringen. Ich werde diese gegebenenfalls kommentieren oder berichtigen. Gelenkt wird die Diskussion von mir in Form eines Unterrichtsgesprächs.

<u>Sicherung II</u>

Zum Abschluss teile ich ein Arbeitsblatt aus mit einer Zusammenfassung der gegebenen Informationen. Ob der Text in der Stunde noch gelesen werden kann, hängt davon ab, wie intensiv sich die vorangehende Diskussion entwickelt. Sollte nicht ausreichend Zeit zur Verfügung stehen, dann gebe ich den Schülern als Hausaufgabe auf den Text durchzulesen. (Eventuell wird der Text in der folgenden Stunde vom Fachlehrer noch einmal aufgegriffen.)

5 Lernziele

<u>Übergeordnete Lernziele</u>

Die Schüler sollen

- an Hand eines regionalen Beispieles Probleme erkennen und das Wissen auf andere Beispiele übertragen können.
- sensibilisiert werden für Konflikte um Wasser, die zukünftig zunehmen werden.
- Einsichten gewinnen in Abhängigkeiten von Staaten und die Notwendigkeit von Kooperationen erkennen.
- die Endlichkeit von Ressourcen erkennen.
- die Folgen menschlicher Eingriffe in Ökosysteme erkennen.
- Interesse entwickeln für den Erhalt der natürlichen Lebensgrundlagen.

<u>Inhaltliche Lernziele</u>

Die Schüler sollen

- sich Wissen aneignen über die ökologische Katastrophe des Aralsees.
- den Aralsee topographisch einordnen können.
- erkennen, dass die Katastrophe anthropogen verursacht ist.
- Zusammenhänge zwischen Landwirtschaft und Naturhaushalt erkennen.
- die Folgen der Katastrophe für die Natur und für die Menschen erfahren und dann bewerten können.
- sich eigene Gedanken machen zur Lösung des Problems bzw. zur Linderung der Katastrophe und diese Gedanken diskutieren.

<u>Methodische Lernziele</u>

Die Schüler sollen

- ihre Fertigkeiten zur Analyse und Bewertung thematischer Karten entwickeln bzw. anwenden und vertiefen.

- verschiedene Informationsformen nutzen können und die gewonnen Informationen verknüpfen, analysieren und bewerten.
- Urteile fällen und neue Thesen entwickeln.
- selbständig arbeiten.
- einem mündlichen Vortrag folgen.

Anmerkung: Statt *die Schülerinnen und Schüler* wird im Text immer der kollektive Plural in der männlichen Form *die Schüler* verwandt. Dieses ist keine Benachteiligung des weiblichen Geschlechts.

6 Literaturliste, Quellennachweis

- Alexander Schulatlas (1992). – 1.Aufl., Stuttgart
- BRUCKER, Ambros (2002): Der Aralsee. Vom viertgrößten See der Erde zur Salzwüste. – In: geographie heute 204/2002, S. 38/39
- Diercke Drei Universalatlas (2001). – 1.Aufl., Braunschweig
- DORNFELDT, Matthias (2003): Die ökologische Katastrophe des Aralsees. – In: Geographie aktuell 3/2003, S. 15/16
- HAUBRICH, Hartwig u.a. (1997): Didaktik der Geographie konkret. – 3. Neubearbeitung, München
- HÖHLER, Georg (1967): Erdkunde. Lehrplan Vorbereitung Unterricht. – Weinheim und Berlin
- HOFFMANN, Thomas (2002): Wasserstreit in Mittelasien. Wem gehört das Wasser von Amu-Darja und Syr-Darja?. – In: geographie heute 204/2002, S. 30-34
- JANDER, Lothar, SCHRAMKE, Wolfgang, WENZEL, Hans-Joachim (Hrsg.) (1982): Metzler Handbuch für den Geographieunterricht. Ein Leitfaden für Praxis und Ausbildung. – Stuttgart
- LOHMANN; Dieter (1999): Aralsee. Chronik einer anthropogen verursachten Katastrophe. – Nach: URL: http://www.g-o.de/
- Ministerium für Bildung, Wissenschaft, Forschung und Kultur Schleswig-Holstein (1997): Lehrplan Erdkunde. – Kiel
- SCHMIDTKE, Kurt-Dietmar (1987): Geographieunterricht – nicht so eng gesehen. – Köln
- SCHRAMKE, Wolfgang (Hrsg.) (1993): Der schriftliche Unterrichtsentwurf. Ein Leitfaden mit Lehrproben-Beispielen. Erdkunde. – Hannover
- Terra Geografie 8 Ausgabe für Schleswig-Holstein (1997). – 1.Aufl., Gotha und Stuttgart, S. 24/25
- URL: http://www.dfd.dlr.de/app/land/aralsee/

Fotos für den Einstieg sind URL: http://www.g-o.de/ entnommen und stammen im Original von der NASA.

Eine kopierte Karte ist dem Diercke Drei Universalatlas entnommen.

7 Verlaufskizze

Zeit	Unterrichtsphase	Lehrerverhalten	Schülerverhalten	Sozialform	Medien
10.20 – 10.25	Einstieg	- L. begrüßt die S. und Anwesende - L. fragt, ob S. schon mal vom Aralsee gehört haben	- S. begrüßen L. - S. antworten	UG	
10.25 – 10. 32	Problematisierung I	- L. legt eine OHP-Folie auf (Aralsee 1985), L. bittet S. zu beschreiben, was zu sehen ist - L. legt eine OHP-Folie auf (Aralsee 1992), L. bittet S. zu beschreiben, was zu sehen ist	- S. antworten - S. antworten , S. erkennen Veränderung	UG	OHP
10.32- 10.40	Vertiefung	- L. hält LV über den Aralsee, unterstützt durch eine OHP-Folie	- S. hören ruhig zu	LV	OHP
10.40 – 10.50	Erarbeitung / Sicherung I	- L. teilt AB aus und bittet S. die Aufgaben zu bearbeiten mit Hilfe des Atlas	- S. bearbeiten Aufgaben	EA	AB Atlas
10.50 – 11.00	Problematisierung II	- L. teilt AB aus und bittet S. die Aufgaben zu diskutieren	- S. diskutieren und begründen ihre Meinung	UG	AB
11.00 – 11.05	Scherung II	- L. bittet S. den AB-Text vorzulesen	- S. lesen vor	UG	AB

H8, Erdkunde   28.01.2004

<u>Die ökologische Katastrophe des Aralsees</u>

Zum Bearbeiten der Aufgaben nutze bitte die kopierte Karte und den Atlas!

(Alexander Schulatlas: S.86/87, Diercke Atlas: S.   )

1. Finde zwei Städte, die früher am Ufer lagen und heute davon entfernt sind! Wie weit sind sie heute entfernt?

2. Nenne die beiden Zuflüsse zum Aralsee! Was wird im Bewässerungsland an den Flüssen angebaut? Welche Industrie gibt es?

.Fluss:		
Landwirtschaft:		
Industrie:		

3. Welche Naturvegetation gibt es im Gebiet des Sees und der Flüsse? Wie hat sich die Naturvegetation verändert?

Die ökologische Katastrophe des Aralsees
Vom Meer zur Wüste

Wo liegt der Aralsee?

Der Aralsee liegt in Mittelasien auf dem Gebiet der Staaten Kasachstan und Usbekistan.

Die beiden Staaten gehörten bis 1991 zur Sowjetunion (UDSSR), heute sind sie Mitglied in der Gemeinschaft unabhängiger Staaten (GUS).

Der See ist umgeben von Wüste und Halbwüste. Durch diese Wüstenlandschaft fließen die beiden einzigen Zuflüsse zum See: der Syrdarja (in Kasachstan) und der Amudarja (in Usbekistan). Die Flüsse beziehen ihr Wasser von den Gletschern im Pamir-Gebirge, das auf dem Gebiet der Staaten Kirgisistan und Tadschikistan liegt.

Warum verlandet der Aralsee?

Vor etwa 40 Jahren war der Aralsee noch der viertgrößte Binnensee der Welt; er wurde auch „das Meer Mittelasiens" genannt.

Um 1960 begann man im Bereich der beiden Zuflüsse hauptsächlich Baumwolle und Reis anzubauen. Die Baumwolle wurde zur Textilherstellung verwendet; mit dem Reisanbau sollte die Ernährung der Bevölkerung in der Sowjetunion gesichert werden. Da Baumwolle und Reis beim Anbau sehr viel Wasser benötigen, wurde von den Flüssen immer mehr Wasser abgezweigt.

Seit 1976 versickert der Syrdarja vor dem See und der Amudarja erreichte 1982 zum ersten Mal nicht mehr den Aralsee. Somit fehlen dem See die beiden einzigen Wasserzuflüsse.

Ohne Wasserzufluss trocknet der Aralsee langsam aus; heute ist er nur noch der achtgrößte See der Welt.

1987 hat sich der Aralsee in zwei Gewässer gespalten. Bis 1995 gab es einen künstlichen Kanal, der einen Wasseraustausch zwischen dem kleinen nördlichen See und dem größeren südlichen Teil ermöglichte. 1996 war zum ersten Mal die Insel „Barsakelmes", die sich in der Mitte des Sees befand, mit dem Ufer verbunden.

<u>Welche Folgen hat die Verlandung für die Natur und für den Menschen?</u>

Der Seespiegel ist um 14 Meter zurückgegangen, jedes Jahr sinkt er um einen weiteren Meter und die wichtigsten Fischereihäfen liegen jetzt 120km vom Ufer entfernt.

Durch die Abnahme der Wassermenge steigt der Salzgehalt des Wassers ständig an und alle Fischarten sind ausgestorben.

Jährlich treiben Winde über 100 Millionen Tonnen Salz in die Luft. Die feinen Salzkristalle schlagen sich im Norden und Nordosten in den fruchtbaren Steppengebieten nieder und sind dort für teilweise erhebliche Ernteeinbußen verantwortlich.

Durch den höheren Salzgehalt der Luft haben Erkrankungen der Atemwege und Hautverätzungen dramatisch zugenommen.

Durch die Verkleinerung der Seefläche können heute die kalten, trockenen Nordostwinde aus Sibirien nahezu ungehindert nach Zentralasien eindringen. Dadurch verringerte sich die frostfreie Zeit im Deltabereich des Amudarja von 200 auf 170 Tage. Die Julitemperatur hingegen erhöhte sich um 2,6°C.

Auf der Insel Barsakelmes wurden in den 70er Jahren Bio-Waffen-Test durchgeführt, heute ist der Boden stark verseucht, und nach dem Anschluss an das Ufer wurde auch das umliegende Gebiet verseucht.

<u>Kann man die katastrophale Entwicklung stoppen und den Aralsee retten?</u>

Um den Prozess aufzuhalten wären jährlich mindestens 27 Kubikkilometer Wasser nötig. Eine Wiederherstellung des ursprünglichen Zustandes ist allerdings unmöglich.

Im Sommer 2002 haben starke Regenfälle dazu geführt, dass die Flüsse wieder den See erreichen. Allerdings war das nur eine kurzzeitige Erscheinung, langfristig wird immer weniger Wasser in die Flüsse gelangen, da die Gletscher im Einzugsgebiet immer stärker abschmelzen.

1. Überlege, was man tun müsste, um den See zu retten! Welche Ideen sind realistisch, welche sind unmöglich durchzuführen?
2. Überlege, wie die Menschen in der Region auf die Katastrophe reagieren

9 Reflexion

<u>Reflexion über meinen Unterrichtsversuch</u>

Ich habe im Rahmen des Fachpraktikums am 28.01.2004 einen Unterrichtsversuch in einer achten Klasse an der Hauptschule Munkbrarup gegeben.
Thema der Stunde war „die ökologische Katastrophe des Aralsees".

Vor dem Unterrichtsversuch war ich (was sicher der Normalfall ist) aufgeregt, gespannt und unsicher; ich hoffte, dass die Schüler positiv auf mich reagieren, gut mitarbeiten und so meine Stunde ein Erfolg wird. In der Vorbereitung habe ich mir vor allem Gedanken gemacht, ob der Stoff geeignet ist, ob ich eine richtige Auswahl im Sinne der didaktischen Reduktion getroffen habe und ob die Klasse relativ ruhig und konzentriert mitarbeitet. Zudem habe ich mir selber Gedanken gemacht zu meiner Lehrerpersönlichkeit: Wird meine persönliche Art ankommen? Gibt es vielleicht Schüler, die mich provozieren wollen oder sich verweigern? Kann ich die Schüler motivieren und begeistern? Und kann ich Inhalte verständlich rüberbringen?

Im Nachhinein bewerte ich meinen Unterrichtsversuch als positiv: Im weitesten ist die Stunde wie geplant verlaufen. Die Klasse war interessiert, begeistert, nicht immer ruhig aber nicht störend und lernfreudig.
Ich war in besonderer Weise überrascht und erfreut über die zahlreichen (guten) Beiträge der Schüler in der Phase der Problematisierung I. Im Gegensatz zur vorangegangenen Stunde bei Frau Schlüter waren die Beschreibungen der Schüler zu den Folien etwas ausführlicher, dennoch aber gab es auch immer wieder einfache Ein-Wort-Antworten. In der Nachbesprechung wurde gesagt, dies sei auch durch das Stellen sog. W-Fragen provoziert, diesen Hinweis habe ich aufgenommen und werde versuchen, dieses in zukünftigen Versuchen zu verbessern. Da die Schüler in dieser Phase ein solches (nicht so erwartetes) Interesse zeigten, habe ich etwas mehr Zeit dafür gegeben.
In meinen Ausführungen konnte ich den Schülern schon in dieser Phase und im folgenden kleinen Vortrag Informationen geben, die sich den Schülern nicht erschlossen haben oder würden. Ich selbst habe dabei gemerkt, dass eine gründliche fachliche Auseinandersetzung mit dem Thema mir Sicherheit gegeben hat. Zu dem denke ich, haben auch die Schüler gemerkt, dass sich die Lehrkraft für das Thema selbst begeistert und auch Wissen hat, dass die Schüler interessiert. (Bsp: vom 4-größten See zum 8-größten)
An der Methodik muss ich bei kritisieren, dass ich die Folien nicht in Nord-Süd-Ausrichtung und einmal spiegelverkehrt aufgelegt habe. Dazu beigetragen hat auch ein Schüler, der mir sagte, die Folie sei falsch rum. Zur Verbesserung wäre es daher sinnvoll die Folie besser vorzubereiten, z.B. durch das Eintragen von Norden.
Die Stillarbeitsphase lief nicht ganz so gut, wie ich erhofft hatte: Ich hatte erwartet, dass die Schüler zügiger anfangen und auch vorankommen und dass sie die Antworten geben könnten, weil sie vorher gut zugehört haben. Auch wenn einige Schüler sagten, sie verstehen nicht, was sie tun sollen, denke ich dennoch, dass der Aufgabenzettel angemessen war. Die Besprechung des Zettels lieferte dann auch gute Ergebnisse, die ich spontan auf der Tafel aufschrieb. Bedingt durch meinen kurzfristigen Entschluss dazu, war das Tafelbild etwas unstrukturiert. Ursprünglich hatte ich vorgesehen, den Arbeitszettel auf Folie zu kopieren, und die Schüler ihre Ergebnisse eintragen zu lassen. Leider habe ich diese Idee in der Vorbereitung wieder verworfen. Zu dem hätte ich die Schüler auffordern müssen, die (richtigen) Ergebnisse auf ihren Zettel zu übertragen.

Der Abschluss der Stunde war etwas unruhiger, was (wie besprochen) möglicherweise an einem unzureichendem Methodenwechsel oder einem fehlenden neuen Impuls gelegen hat. Ich persönlich halte das gelenkte Leher-Schüler-Gespräch bzw. das Lehrer-Unterrichts-Gespräch mit der ganzen Klasse für eine geeignete Methode, insbesondere um Meinungen von Schülern zu erfragen. Besser wäre wohl ein neuer Impuls gewesen, so wäre z.B. im Schulbuch ein eindrucksvolles Bilde gewesen, das ich zum Ausgangspunkt der Diskussion um Folgen für den Menschen hätte machen können.

Zusammenfassend kann ich sagen, der Unterrichtsversuch hat mich wieder einmal bestärkt in meinem Berufsziel; Ich fühle mich bestätigt in meiner (so hoffe ich) netten, aber schlagfertigen Art und in meinem pädagogischen Ansatz, wonach der Lehrer ein „Meister seines Faches“ ist (man beachte, früher hieß es Schulmeister) und damit ein Vorbild für die „Lehrlinge“. Ziel ist es nicht die Schüler dazu zu erziehen, Wissen richtig reproduzieren zu können, sondern ihnen Methoden zu zeigen und zu lehren, mit denen sie sich Wissen selbst erschließen können und eigene Gedanken entwickeln können. Ich hoffe ein wenig von diesem Ziel und meinen übergeordneten Lernzielen erreicht zu haben.